essentials

essentials liefern aktuelles Wissen in konzentrierter Form. Die Essenz dessen, worauf es als „State-of-the-Art" in der gegenwärtigen Fachdiskussion oder in der Praxis ankommt. *essentials* informieren schnell, unkompliziert und verständlich

- als Einführung in ein aktuelles Thema aus Ihrem Fachgebiet
- als Einstieg in ein für Sie noch unbekanntes Themenfeld
- als Einblick, um zum Thema mitreden zu können

Die Bücher in elektronischer und gedruckter Form bringen das Expertenwissen von Springer-Fachautoren kompakt zur Darstellung. Sie sind besonders für die Nutzung als eBook auf Tablet-PCs, eBook-Readern und Smartphones geeignet. *essentials:* Wissensbausteine aus den Wirtschafts-, Sozial- und Geisteswissenschaften, aus Technik und Naturwissenschaften sowie aus Medizin, Psychologie und Gesundheitsberufen. Von renommierten Autoren aller Springer-Verlagsmarken.

Weitere Bände in der Reihe http://www.springer.com/series/13088

Werner Seiferlein

Der Site-Master-Plan

Mit Struktur zum Erfolg

Werner Seiferlein
Technology Innovation Management
Neu-Isenburg, Deutschland

ISSN 2197-6708   ISSN 2197-6716   (electronic)
essentials
ISBN 978-3-658-32103-1   ISBN 978-3-658-32104-8   (eBook)
https://doi.org/10.1007/978-3-658-32104-8

Die Deutsche Nationalbibliothek verzeichnet diese Publikation in der Deutschen Nationalbiblio-
grafie; detaillierte bibliografische Daten sind im Internet über http://dnb.d-nb.de abrufbar.

Planung/Lektorat: Frieder Kumm
Springer Vieweg ist ein Imprint der eingetragenen Gesellschaft Springer Fachmedien Wiesbaden
GmbH und ist ein Teil von Springer Nature.
Die Anschrift der Gesellschaft ist: Abraham-Lincoln-Str. 46, 65189 Wiesbaden, Germany

Was Sie in diesem *essential* finden können

- Was ein Site-Master-Plan (SMP) leistet.
- Was der Nutzen eines SMP ist.
- Was die Vorteile eines SMP sind.
- Welche Parameter und Faktoren zur Erstellung eines SMP erforderlich sind.
- Beispiele rund um den SMP

Inhaltsverzeichnis

Über den Autor

Prof. Dr. Werner Seiferlein

- Erfahrungen als Betriebsingenieur im Bereich der Wirkstoffproduktion und Prozessentwicklung (Synthese und Biochemie), Pharmafertigung (Solida und Liquida) sowie der Produktentwicklung
- Durchführung von Standortbegutachtungen (z. B. Moskau, Warschau, Kiew)
- Erarbeiten von Due Diligents für die Übernahme von Pharmabetrieben oder das Schließen von Allianzen (z. B. Planung einer sterilen Fertigung in den USA)
- Know-how im Bereich FM (Pharma-Energien, Maintenance Excellence u. a.)
- Know-how im Immobilienmanagement (Anmietung, Umbau, Neubauplanung, Umzug von Bürogebäuden u. a.)
- Erstellung und Fortführen von Site-Master-Plänen (Kansas City, Kawagoe, Suzano und Frankfurt)
- Auslandserfahrung mit Projekten für Neu- und Umbauten weltweit (Ägypten, Indien, USA, Japan u. a.)
- Mitglied des Auditor-Pool zur Begutachtung internen Standorten

- Kontakte zu Pharmafirmen über die ISPE DACH (Pharmaverband für Ingenieure, Komitee-Mitglied seit 2005)
- Projektmanagementwissen aus zahlreichen Projekten und Erstellung einer Promotion zu diesem Thema
- Honorarprofessur an der Frankfurt University of Applied Sciences (2013)
- Managementerfahrung im Rahmen von Gruppen- und Abteilungsleitertätigkeiten
- Fraunhofer Lenkungskreismitglied IAO
- DIN-Normausschuss
- Zahlreiche Patente im pharmazeutischen Bereich

Abkürzungsverzeichnis

CAPEX	Capital Expenditure
ECA	Employers & Company Alignment
EHS	Environment, Health & Safety
GMP	Good Manufactoring Production
HKL	Heizung, Klima und Lüftung
QO	Quality Operation
R + I	Rohrleitungs- und Instrumentenfließschema
SMP	Site-Masterplan
TCO	Total Cost of Ownership
UWS	Umweltschutz & Sicherheit

Einführung 1

Warum einen Site-Masterplan (SMP) erstellen? Die Antwort ist nicht so trivial, wie vielleicht gedacht. Der Grund dafür ist die vielseitige Betrachtungsweise der Aspekte rund um das Thema SMP. Dieses Buch soll Anleitung und Unterstützung geben und Strukturen finden, auf denen die Erstellung eines Site-Masterplans fußt.

Direkt übersetzt ist ein Masterplan ein leitender oder führender Plan, den man auch einfach als den „roten Faden" oder auch „Leitfaden" bezeichnet. Der Site-Masterplan ist ein Element des Masterplans, der verschiedene Akteure wie Produktion, Fertigung und Montage, aber auch den Gebietsentwicklungsplan z. B. einer Behörde zu einem Werk (Site) zusammenfasst.

Die typischen Auslöser für Konsolidierungen oder Optimierungen sind selten positiv und lassen wenig Zeit zum Handeln. Beispiele, die „plötzlichen Handlungsbedarf" hervorrufen können, sind:

- Die räumlichen Wachstumsgrenzen sind ganz plötzlich erreicht – was tun?
- Die Infrastrukturkosten sind zu hoch, die zugehörigen Anlagen nicht richtig ausgelastet.
- Die Genehmigungslage für die vorgesehene weitere Bebauung ist unsicher.
- Die Kosten für Büro- und Laborgebäude sind im Standortvergleich zu hoch, die Gründe dafür aber unklar.
- Die Produktion wird nach Asien verlagert, dafür eine Business Unit vergrößert – Neubau oder Umbau im Bestand?
- Eine Akquisition beschert einen Konkurrenzstandort – Wettbewerb, und nun? Ein Strategie Shift macht den Standort für eine Eigennutzung in Teilen obsolet.
- Ihr Unternehmen fordert ein Drittnutzungskonzept – wie geht denn das?

W. Seiferlein, *Der Site-Master-Plan*, essentials,
https://doi.org/10.1007/978-3-658-32104-8_1

1

- Verlagerung einer Verwaltungs-Einheit
- Konsolidierung der Büroflächen – Auszug aus dem unattraktivsten Gebäude
- Standortverlagerung vom Umland in die Zentrale
- Erweiterung der Büroflächen – Platzieren der Mitarbeiter in die Zentrale

Ein SMP kann jedoch für alle denkbaren Themen genutzt werden. Um die Anwendungsfälle zu veranschaulichen, hier einige weitere Beispiele:

- Organisatorische und räumliche Umsetzung des vorhandenen strategischen Leitbildes
- Klare Orientierung
- Sicherstellung der Unternehmenspräsenz
- Verbesserung von Flexibilität, Wirtschaftlichkeit und Reaktionsfähigkeit
- Sichern eines effizienten, attraktiven Arbeitsumfeldes
- Durchsetzung der Vorhaben in den Meilensteinen und Zeitvorgaben
- Verbesserte Prozessbeschreibung
- Optimierte Prozesse
- Anwendung des Value Engineerings (Werte-Analyse) zur alternativen Lösungsfindung
- Günstigere Betriebskosten
- Nachhaltigkeit und Energieeinsparung

Es sollte das Ziel eines jeden gut geführten Unternehmens sein, eine konzeptionelle Strategie zu entwickeln, die einen absehbaren Zeithorizont enthält. Wichtig ist, den langen Atem in dieser Angelegenheit zu behalten und die relevanten Ergebnisse konsequent für die Zukunft zu nutzen.

Die Erstellung eines SMP kann in sechs Phasen unterteilt werden, die in den nachfolgenden Abschnitten beschrieben werden. Zentraler Punkt ist in der Regel eine Ist-Analyse, bei der der aktuelle Status des Standorts mit seinen Einrichtungen sowie der Infrastruktur erfasst wird. Der SMP sollte auf eine zeitliche Perspektive von drei bis fünf Jahren ausgerichtet sein und bedarf einer jährlichen Überarbeitung. Wichtige Aspekte dabei sind die strukturelle und funktionale Abschätzung, organisatorische Punkte wie Mitarbeiterzahl, Produktionsvolumen, Prozessverbesserung usw. Die Maßnahmen lassen sich dann bewerten und zu Investitionen und Betreiberkosten kalkulieren.

Da in den unterschiedlichen Phasen nicht immer der volle Umfang an Details benötigt wird, kann aus Effizienzgründen für die jeweiligen Aktivitäten pro Phase auch das sogenannte Pareto-Prinzip zur Anwendung kommen, dem zufolge 80 % der Ergebnisse mit 20 % des Gesamtaufwandes erreicht werden.

Phase 1: Vision und Ziele

2

In dieser Phase wird – möglichst über einen Prozess mit einem funktionalen Aufbau wie z. B. der Programming-Methode – ein klares Ziel über Vision, Zielerreichung und Nutzeranforderungen formuliert. Eine Vision zeigt meist ein attraktives Zukunftsbild und schlägt Brücken zwischen Vergangenheit, Gegenwart und Zukunft. Getreu dem Motto „Herkunft hat Zukunft" stellt eine Vision die Frage: Wo kommen wir her, wo wollen wir hin?

In dieser ersten Phase der Erstellung eines SMP beruft der Site Manager bzw. Projektsponsor, also in den meisten Fällen die Unternehmensleitung, einen Projektleiter, um gemeinsam mit ihm die Vision und die Ziele zu erarbeiten. Darüber hinaus sollte auch das gesamte Top-Management diesen Prozess ideell unterstützen und die Vision abschließend unterschreiben.

Der Site Manager (Projektsponsor) hat folgende Aufgaben:

- Sorgt für Unterstützung des Projekts durch das obere Management
- Holt Genehmigung für Finanzierung ein
- Sorgt für die Bereitstellung angemessener Ressourcen
- Vereinbart Umfang, Zeitplan und Ziele des Projekts
- Vereinbart Messkriterien und Anforderungen an die Berichterstellung für das Projekt
- Stellt sicher, dass die Ziele und Vorteile des Projekts erreicht werden, damit die Kunden- oder Nutzeranforderungen erfüllt werden
- Genehmigt Änderungen am Projektumfang, die gegebenenfalls vorgeschlagen oder angefordert werden

Der Projektleiter stellt das Team zusammen (siehe Phase 2), koordiniert die zentralen Aufgaben und definiert die wesentlichen Merkmale und Schritte des

© Der/die Autor(en), exklusiv lizenziert durch Springer Fachmedien Wiesbaden GmbH, ein Teil von Springer Nature 2020
W. Seiferlein, *Der Site-Master-Plan,* essentials,
https://doi.org/10.1007/978-3-658-32104-8_2

Projekts, z. B. Umfang, Spezifikationen, Ressourcen, Kosten, Zeitplan und Meilensteine.

Wie oben erwähnt, ist eine Vision ein Ausflug in die Zukunft. In einer Vision sollte zwar die Ambition hoch sein, aber nicht höher als wirklich erreichbar. Nichtsdestotrotz besteht die Herausforderung darin, nach dem Motto „Perception Becomes Reality" eine Vision aufzustellen, in der alle zukunftsrelevanten Ziele enthalten sind. Insbesondere muss sie den Strategischen Fit und die Ziele aller Standortbetreiber erfassen. Das Konzept des Strategischen Fits geht davon aus, dass für den Unternehmenserfolg nicht nur ein Erfolgsfaktor maßgeblich ist, sondern die koordinierte Betrachtung von Umfeldbedingungen, Unternehmens- strategie, -strukturen und -fähigkeiten. Mit dieser Strategie wird ein kurzsichtiges Handeln, das lediglich auf schnell erreichbare Profite oder Erfolge zielt, aus- geschlossen. Mittels des Site-Masterplanes wird diese Strategie an sich ver- ändernde Situationen angepasst. Die relevanten Parameter umfassen in der Regel:

- Wachstum hinsichtlich der Produkte und Mengen, wenn keine Daten ver- fügbar sind, können auch Annahmen und eventuell Hypothesen aufgestellt werden
- Zustand von Gebäuden, Maschinen und Anlagen (Raum, Fläche, Logistik, IT- Kommunikation u. a.)
- Technologien, die vor Ort nicht vorhanden sind
- Umfang der durchzuführenden Aktivitäten hinsichtlich Zeit, Kosten und Qualität
- Ziele für Standort-Leistungsindikatoren
- Energieversorgung, Entsorgung und Umweltschutz
- Gesundheit und Sicherheit
- zukünftiger Personalstand und Verteilung innerhalb des Unternehmens
- anwendbare Benchmarking-Standards: Neue Arbeitsformen, verbesserte Kommunikation, attraktive Räume, mehr Kreativität und Innovation, Identi- fikation und Motivation, Stärkung im „War for Talents"
- beabsichtigte Akquisitionen/Veräußerungen
- regulatorische und soziale Trends
- Betriebsphilosophien/-trends (z. B. Outsourcing, Automatisierung)
- politische/finanzielle Faktoren, z. B. Preisgestaltung im Zusammenhang mit Investitionen, Entwicklungszuschüssen/Darlehen, Steueranreizen
- die Zeitskalen, die vom Planungsprozess abgedeckt werden sollen
- Sonderleistungen, die nicht in der normalen Liste enthalten sind

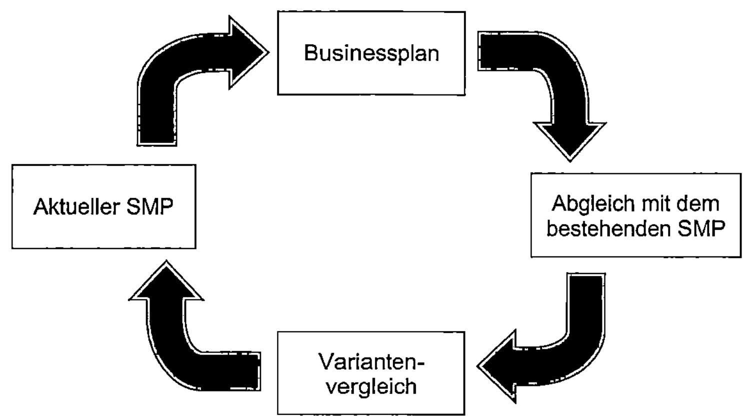

Abb. 1   Der Prozess der Zielerstellung

Aus der Evaluation der Bedarfe entsteht ein Investitionsprogramm über die entsprechende Zeitdauer eines SMPs. Der Site Manager sollte dafür sorgen, dass die einzelnen definierten Projekte günstige Auswirkungen auf den Wirkungsgrad der Niederlassungen haben. Entsprechende Verbesserungen werden unter Berücksichtigung aller zeitbestimmenden Parameter, wie z. B. Genehmigungsverfahren, in einen Zeitplan gefasst. Ferner ist darauf zu achten, dass das Projekt in die Zielsetzungen der Abteilungen, die von den Maßnahmen betroffen sind, eingebunden wird.

Die Unternehmensleitung stellt die für die effiziente Durchführung der Anlauf- und Übergabephase erforderlichen Mittel bereit und gewährleistet in Abstimmung mit dem Projektleiter den Abschluss der Validierungs- und Qualifizierungsmaßnahmen. Ebenso ist es ein wesentlicher Bestandteil dieser Phase, sowohl im Zuge der jährlichen Budgetplanung als auch der mehrjährigen Strategieplanung das Portfolio immer wieder neu zu gestalten. Dieser wiederholte schrittweise Prozess ist in Abb. 1 grafisch dargestellt:

Phase 2: Organisation des Teams

3

In dieser Phase werden die personellen Ressourcen, die zur Durchführung der erforderlichen Aufgaben benötigt werden, zusammengestellt.

Es ist wichtig, dass ein Site-Masterplan unter vollständiger Einbeziehung des Managements von „Top down" erstellt wird. Ebenso essentiell ist es, dass Vertreter zentraler Funktionen, z. B. der Abteilungen QO, EHS & Engineering etc., an Fragen, die in ihrem Verantwortungs- und Fachbereich liegen, daran partizipieren. Bei der Erstellung eines SMP sollten auch externe Experten von verschiedenen Beratungsunternehmungen und Fakultäten mitarbeiten. Dadurch wird ein interdisziplinäres Team geschaffen.

Zu den Teilnehmern und Abteilungen, die die Entwicklung des SMP unterstützen, gehören in der Regel unter anderem:

- Site Manager
- Projektmanager
- Strategische Planung
- Qualität
- Produktion und Fertigungsmanagement
- Materialwirtschaft
- Qualitätsmanagement (global/regional/lokal)
- EHS (global/regional/lokal)
- Finanzen (global/regional)
- Personal
- Facility- und Instandhaltungsmanagement

Die Zusammenstellung des Teams sollte möglichst mit dem Projektbeginn einhergehen. Da weitere Anpassungen diverser Ressourcen erforderlich sind, sollten

W. Seiferlein, *Der Site-Master-Plan*, essentials,
https://doi.org/10.1007/978-3-658-32104-8_3

diese zügig konsolidiert werden. Dies schließt die konsequente und zeitnahe Bedarfsanalyse nicht aus.

Da es sich bei der Erstellung des SMP um eine spezialisierte Arbeit handelt, muss darauf geachtet werden, dass das ausgewählte Team über das richtige Fachwissen und die richtigen Kapazitäten verfügt.

Darüber hinaus ist für alle am Projekt Beteiligten das Schaffen eines transparenten Kommunikationskonzeptes sehr von Vorteil.

Bei komplexen und schwierigen Projekten oder solchen mit hohem Investitionswert sollte zur Zielsetzung, Richtungsweisung und Überprüfung des Projektfortschritts entsprechend den wichtigsten Meilensteinen die Gründung eines Lenkungskreises (Steering Committee) in Erwägung gezogen werden. Normalerweise bestehen dessen Mitglieder aus Repräsentanten des oberen Managements und des Projektträgers. Der Projektmanager fungiert als Verbindungsglied zwischen dem Steering Committee und dem Projektteam.

Phase 3: Ist-Analyse und Bewertung

4

In dieser Phase wird der Ist-Status des Standortbetriebs bewertet. Um diese Aufgabe umfassend und umfänglich durchführen zu können, findet sich im Anhang eine Checkliste, mit der der Ist-Zustand der Site systematisch zusammengestellt werden kann.

Auf der Basis des Zustandes und der Verfügbarkeit der Produktion und Herstellanlagen, Labors und Verwaltungsgebäude wird der SMP erstellt. Dabei sollten folgende Themen jeweils qualitäts- und quantitätsbezogen Berücksichtigung finden:

- Dokumentation
- Stand der Technik
- Kapazität und Flexibilität
- Zuverlässigkeit
- Qualität
- Qualifikation & Validierung
- Kosten für Verbesserungen
- Kosten für Neuinvestitionen

Der erste Schritt der Ist-Analyse besteht darin, alle relevanten Daten zu Produkten, Prozessen, Anlagen/Ausrüstungen, Gebäuden, Einrichtungen, Grundstücken, Infrastrukturen, Ressourcen usw. zu sammeln. Diese Daten werden in Form von Listen, Tabellen, schriftlichen Erklärungen, Berichten, Flussdiagrammen, R+Is, Layouts, anderen Zeichnungen usw. zusammengestellt. Es wird empfohlen, vorhandene Dokumentationen wie z. B. vorhandene Site-Masterpläne zu verwenden. In der Regel werden Informationen zu folgenden Themen zusammengestellt:

W. Seiferlein, *Der Site-Master-Plan,* essentials,
https://doi.org/10.1007/978-3-658-32104-8_4

- übergeordneter Blick über die Prinzipien die städtebaulichen Vereinbarungen
- Produktformen, aktuelle Anforderungen und Kapazitäten
- Gefahrenkategorisierung von Produkten
- Facilities
- Prozessdesign, Konfiguration und Layout
- Automatisierung, Prozesssteuerung
- Informations-, Material- und Personalfluss
- Bestimmungen zur Unterstützung der Herstellung, z. B. Abgabe, Material-handhabung, Waschen, WIP-Lagerung, Umkleidekabinen
- Herstellungsbeschränkungen, z. B. Eindämmungsbedarf, Verwendung von Lösungsmitteln
- Gebäude – Größe, Konfiguration, Änderungsspielraum
- Lagerung
- Bestimmungen zur Standortunterstützung, z. B. Labors, Büros, Restaurants, Werkstätten
- Standortinfrastruktur, z. B. Zugang, Sicherheit, Straßen, Parkplätze, Abflüsse, Abwasserbehandlung
- Abfallbehandlung und -minimierung
- Versorgungsbedarf
- GMP-kritische Dienste (z. B. gereinigte Wassersysteme)
- HLK-Systeme, insbesondere für alle definierten Umweltzonen
- Verfügbarkeit qualifizierter Ressourcen
- lokale Planung, Umweltschutz oder andere Einschränkungen, klare Planungs-regeln
- Investitions-, Betriebs- und Wartungskosten
- Baukosten

Bei der Evaluation sollten gegebenenfalls Nutzung, Kapazität, Alter, Zustand, Zuverlässigkeit und Eignung berücksichtigt werden. Das Beschreiben von Ent-wicklungs-Szenarien gibt auch die Möglichkeit der Reduzierung der Kapazitäten von Produktion, Labor, Verwaltung u. a.

Diese Ist-Bedingungen sollten in einem zweiten Schritt bewertet werden, wobei der SMP-Prozess mögliche Verbesserungen in folgenden Bereichen bedenken muss:

- Prozesssicherheit
- Umgang mit Engpässen
- Kapazitätserhöhung
- Layouts und Abläufe (Material und Personal)

- Herstellungskosten
- Qualität/GMP
- EHS
- Bausubstanz und Dämmung
- Versorgungseinrichtungen, Services und HLK-Systeme
- Standortinfrastruktur
- Produktdurchsatz

Mittels einer Checkliste können der Zustand und die Zuverlässigkeit der Einrichtungen oder Ausrüstungen, Kapazitätsprobleme, qualitätsbezogene Fragen unter Berücksichtigung der Kosten für Verbesserungen und Investitionen zur Erhöhung der Kapazitäten strukturiert betrachtet werden.

Es wird schwierig sein, jede einzelne Fertigungsmaschine zu bewerten. Daher sollten Geräte und Maschinen nach Abteilungen oder Produktionslinien untergliedert sein. Wenn sie lokal getrennt sind, ist es ratsam, eine Art Buchhaltung anzulegen, um besser entscheiden zu können, ob diese Maschinenteile zu reparieren sind, bevor das Alte weggeworfen und Neues angeschafft wird.

4.1   Kategorien für die Bewertung

1. Dokumentation: Masterpläne, Flussdiagramme, R & I, Leistung der qualitäts- und mengenbezogenen Dokumentation, Werkzeuge inkl. CAD-Systeme
2. Stand der Technik, Eignung und Zustand der Anlage/Ausrüstung: Stand der Technik in Bezug auf Design, Funktionalität, Effizienz, Rentabilität (Betriebskosten), Baujahr bzw. Zeitpunkt der Installation, letzte Aufrüstung, Hersteller, Stand der elektronischen Steuerungssysteme (Instrumentierung, Alarmierung, Aufzeichnung)
3. Kapazität und Flexibilität: Funktion und Anwendung, Output & Nutzung, Engpässe, Erwartungen für die Zukunft im Zusammenhang mit dem Portfolio
4. Zuverlässigkeit: empfindliche Komponenten, Ausfallzeiten, Wartung, Kundendienst
5. Qualität: Grad der Einhaltung von Good Manufacturing Practice (GMP), Gesundheitsqualitätsgesetz (GQG), Gesamtbetrieblicher Qualitätssicherung (GQS), Gebäudeenergiegesetz (GEG), Grad der Selbsteinschätzung
6. Qualifikation & Validierung: Validierungsstatus, Follow-ups der letzten Audits und Ergebnisse
7. Kosten für Verbesserungen: qualitäts- und quantitätsbezogene Ermittlung
8. Kosten für Neuinvestitionen: qualitäts- und quantitätsbezogene Ermittlung

Phase 4: Vorschläge 5

Diese Phase befasst sich mit der Erstellung von Vorschlägen für notwendige Verbesserungen des Standortbetriebs. Die vorgebrachten Ideen müssen beides berücksichtigen:

- die in Phase 1 festgelegten Ziele und
- die Probleme, die sich aus Phase 3 ergeben.

Das Projektteam entwickelt und überprüft die Lösungsalternativen. Dabei werden alle in der Phase „Bewertung" aufgeführten Merkmale des Standortbetriebs einbezogen. Das Optimum daraus dient dann als Basis des Masterplans. Dabei ist es essentiell, dass die Planungsprozesse und die damit zusammenhängenden Genehmigungswege harmonisiert sind.

In der Regel orientieren sich die Vorschläge an den Erfolgsfaktoren wie Kosten, Zeit und Qualität, die auch über das „magische Dreieck"[1] dargestellt werden können. Die Überprüfung der Einhaltung des Kosten- und Zeitrahmens ist relativ einfach, da direkt messbar, die Beurteilung der Projektqualität hingegen kann recht unterschiedlich sein.

Wenn die Zielvorgaben auch die Neuausrichtung des Unternehmens vorsehen, so wirkt sich dies direkt auf die Mitarbeiter in der Verwaltung und in der Produktion aus. Die Mitarbeiter sind der Schlüsselfaktor bei Veränderungsprozessen, weil sie lernen müssen zu verstehen, dass nicht nur ihr Unternehmen, sondern vor allem sie selbst eine Wandlung durchlaufen werden. Hier nimmt das Management eine wesentliche Vorbildrolle ein, denn was die Führungskräfte

---

[1]Vgl. Oissen (1971), S. 12 ff.; Burghardt (1988), S. 30 ff.

nicht vorleben, wird sich auch bei den Mitarbeitern nicht durchsetzen lassen. Aus diesem Grund ist es in diesem Fall von Vorteil, in den SMP neben den Vorschlägen zur Umsetzung der Zielvorgaben auch eine Vereinbarung zum Employers & Company Alignment[2] aufzunehmen und einen Change-Management-Prozess zu initiieren, eine bekannte und wirkungsvolle Methode, die die Veränderungsbereitschaft von Mitarbeitern unterstützt.

Bei der Entwicklung von Vorschlägen sollte das Projektteam den folgenden fünf Bereichen Rechnung tragen:

5.1   Kosten

- Optimieren der Investitionsprojekte und der damit zusammenhängenden Kosten (Value Engineering)
- Ermöglichen der Vorbereitung eines realistischen Kapitalprogramms unter Berücksichtigung aller Kosten (Total Cost of Ownership, TCO). Bei geringer Zinsbelastung könnte die Investition höher sein, sodass es in der Zukunft leichter zur Priorisierung kommt.
- Schätzung der Kosten der Vorschläge.
- Ermitteln der Ressourcen mit Auswirkungen auf den SMP, d. h. wo die sprungfixen Kosten liegen, und daraus resultierend ggf. Veränderung des SMP bedingt durch die Liste der Investitionsprojekte.

5.2   Zeit

- Vermeiden schlechter kurzfristiger Lösungen, die im Widerspruch zu langfristigen Optionen stehen würden.
- Durch das Projektmanagement initiierter Zeitplan für die Umsetzung der Vorschläge.

5.3   Qualität

- Berücksichtigung von GMP-Aspekten, zum Beispiel, dass Paletten vor der Lagerung hinsichtlich Stabilität, Abmessungen, Schmutz usw. geprüft sind, bei Nichtkonformität: ablehnen oder austauschen, bei Schmutz: reinigen usw.

---

[2]Vgl. Seiferlein (2020).

5.4   Unternehmen/Organisation

- Demonstrieren der Auswirkungen von Verbesserungsarbeiten auf die Betriebsleistung (Standort-KPIs), Benchmarks mit harmonisierten Key Performance Indicators festlegen.
- Beteiligte Abteilungen als Teil eines ganzheitlichen Unternehmens ansehen, Entwicklung der beteiligten Abteilungen prognostizieren.
- Entwicklung der Kunden und Märkte prognostizieren.
- Checken der Organisation, um z. B. zwischen Renovation und „New Built" zu entscheiden: Vor- und Nachteile für die Verbesserung bestehender Anlagen ermitteln, Quantensprung der Technologie initiieren, Prüfen der Produktionszahlen (z. B. bei Erhöhung: Menge festlegen, Mitarbeiterzahl ermitteln, Lagerkapazitäten prüfen, Material-, Abfall-, Kommunikations- und Personalfluss prognostizieren, Facilities wie Umkleideräume etc. prüfen).
- Politische oder strategische Aspekte miteinbeziehen, z. B. lokale Steuerkonditionen, bestehende Markt- oder Landcharakteristik, Unternehmensbeziehungen (Merger) hinsichtlich Vision and Strategie, Situation von CAPEX und Cashflow, Bedienen des Marktes (time to market).
- Ansprechen offener Probleme, die gelöst werden sollen.

5.5   Human Resources

- Vereinfachen von Entscheidungen und Prozessen, z. B. Einreichung von Investitionskosten beim Management, Genehmigungsbedingungen.
- Einbeziehen des Managements und aller Beteiligten, um allen die möglichen Perspektiven aufzuzeigen.
- Erstellen eines Kommunikationskonzepts entsprechend der Ziele eines Projektes, um die Zielgruppen (Top-Management, Mitarbeiter, Bevölkerung, Behörden, Interessengruppen, Medien) adäquat und ggf. kurzfristig zu informieren. Dabei können z. B. Inhalte der Projekte, die Leistung und die Funktionen der Site zur Sprache kommen.

Phase 5: Bericht

In dieser Phase werden alle relevanten Informationen zum Dokument des Site-Masterplans zusammengefasst und in elektronischer Form oder als Kombination aus elektronischen und gedruckten Medien zur Verfügung gestellt.

Die Komponenten, die die Ist-Situation beschreiben, lassen sich am besten in herkömmlichen Dokumentformaten vorbereiten, da sie keinen Änderungen unterliegen und den aktuellen Status und die Kapazitäten bestehender Produktionsabläufe und Versorgungsunternehmen angeben. Layout-Zeichnungen und Flussdiagramme sind wahrscheinlich die Hauptbestandteile der meisten Site-Masterpläne. Sie enthalten häufig große Mengen detaillierter und komplexer Informationen, außerdem können Zeichnungen auch zeigen, wie die Vision schrittweise erreicht werden kann.

Gleichzeitig müssen die Ideen schnell und effektiv in verschiedenen Foren präsentiert werden. Die Komponenten des Masterplans, die sich mit der Zukunft befassen, lassen sich daher am besten in einem elektronischen Format zusammenstellen, das eine einfache Änderung ermöglicht.

Die Schlussfolgerung muss auch in einer angemessen dokumentierten Form vorliegen. Aus diesem Grund ist es unbedingt erforderlich, dass das endgültige Dokument eine gute Zusammenfassung enthält und moderne Techniken für die grafische Darstellung der Pläne eingesetzt werden.

Empfehlenswert ist die folgende Zusammensetzung des Dokuments:

- Einbeziehung der Geschäftsführung
- Ziel: Ein Statement über die Quintessenz der Ergebnisse von Phase 1.
- Organisation: Vorstellung des Projektteams, siehe Phase 2.

© Der/die Autor(en), exklusiv lizenziert durch Springer Fachmedien Wiesbaden GmbH, ein Teil von Springer Nature 2020
W. Seiferlein, *Der Site-Master-Plan*, essentials,
https://doi.org/10.1007/978-3-658-32104-8_6

- Bewertung: Wesentliche Aspekte der in Phase 3 gesammelten Daten zum Ist-Zustand der Site, enthalten sein sollte insbesondere eine Darstellung aller identifizierten Problemfelder.
- Vorschläge: Dieser Abschnitt sollte die Pläne, Zeichnungen und Daten enthalten, die die für den Standort verfügbaren Optionen veranschaulichen. Soweit möglich, sollten diese zu Kostenschätzungen, Cashflows und Programmen ausgearbeitet und die Begründung für die Investition zusammengefasst werden.
- Kosten: Überprüfung der Auswirkungen der Vorschläge auf der Kapitalseite hinsichtlich Einnahmen und Ausgaben.
- Zeitplan: Empfehlungen zur schrittweisen Umsetzung des Site-Masterplans.

Es kann darüber hinaus sinnvoll sein, Richtlinien aufzustellen, wie der SMP fixiert wird, um Unklarheiten über Form und Inhalt zu vermeiden und die Vorgehensweise eindeutig zu definieren.

Phase 6: Review der Datenlage

SMPs sollten möglichst jährlich überprüft werden, jedoch immer dann, wenn ungeplante wesentliche Änderungen vorgenommen wurden. Der Betrachtungszeitraum sollte bei drei bis fünf Jahren liegen und die konkreten Entwicklungsmaßnahmen in diesem Intervall abbilden.

Eine Überarbeitung des Site-Masterplanes beeinflusst selbstverständlich die Erfolgskriterien (Kosten, Zeit, Qualität) auf Standort- und Funktionsebene. Betroffen davon sind die funktionale und strukturelle Entwicklung, Investitions- und Instandhaltungsprojekte, die Entwicklung der Standortorganisation (Struktur, Mitarbeiter, Prozesse) usw. Dies ist in die Planungsprozesse im Unternehmen zu integrieren und die damit verbundenen Genehmigungswege sind sowohl am Standort und als auch auf Unternehmensebene zu kommunizieren.

W. Seiferlein, *Der Site-Master-Plan,* essentials,
https://doi.org/10.1007/978-3-658-32104-8_7

Exemplarisches Beispiel eines Site-Masterplans für die Wirkstoffproduktion

8

Der Werksplan des Beispiels aus der Wirkstoffproduktion zeigt alle Gebäude für Produktion, Qualitätskontrolle, Verwaltung, Lager, Nebengebäude u. a. (Abb. 1).

Bei der Erstellung des SMP wurde die Aneinanderreihung der einzelnen Gebäue bedacht, sodass für die Hauptströme versucht wurde, kurze Wege zu nutzen. Ferner wurden die Expansionsflächen berücksichtigt, was sich auf die Fertilität der Site auswirkt.

8.1 Einschätzung der Situation 2019/2020

- Produktionsvolumen
- Flächen
- Energien
- Lager
- Materialfluss
- Abfall und Abfallfluss
- Personal und Personalfluss
- Umkleideräume
- Bewertung von Nebenfunktionen
- Offene Probleme, die gelöst werden sollen
- Liste der Projekte 2020 bis 2025

W. Seiferlein, *Der Site-Master-Plan,* essentials, https://doi.org/10.1007/978-3-658-32104-8_8

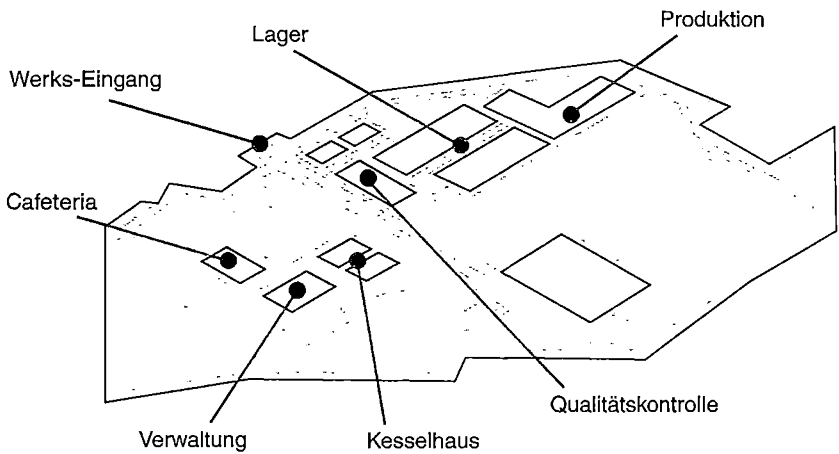

Abb. 1 Werksplan des Beispiels aus der Wirkstoffproduktion

8.2   Basis-Annahme für den SMP (Zeitrahmen 2010–2025)

- **Produktionsvolumen**
  Verbleibende, verschwindende und hinzukommende Produkte

Verbleibend	
Produkt A1	3 t/a
Produkt A2	4,5 t/a
Verschwindend	
Produkt B1 (2020)	1 t/a
Produkt B2 (2020)	2,5 t/a
Produkt C (2022)	1,5 t/a
Hinzukommend	
Produkt A3 (2021)	9 t/a
Produkt A4 (2023)	5 t/a
Produkt-Bilanz	
plus 9 t/a auf alle Produkte hochgerechnet	

Die Schätzung setzt voraus, dass die Anlagen bei Produktänderungen nicht oder nur marginal geändert werden müssen.

- **Flächen**

Standort der Site mit der Bezeichnung X

Gesamtfläche	11.000 m²
Grundfläche	1650 m²
Zusätzliche verfügbare Grundfläche (Reserve)	14.000 m²

- **Energien**

Es kommt bis 2025 zu einer Erhöhung des Produktionsvolumens um 9 t/a bzw. ca. 55 %. Für die Produktion werden folgende Energien gebraucht:
- Dampf
- Strom
- Diverse Lösungsmittel

Für Dampf muss geprüft werden, ob das vorhandene Kesselhaus die erforderliche Menge liefern kann.

- **Lager**

Das Material- und Fertigwarenlager wurde vor 7 Jahren durch ein vollautomatisches Hochregallager ersetzt. Aufgrund des damaligen SMP wurde genügend Reserve berücksichtigt.

- **Materialfluss**

Der Transport der internen und externen Materialmengen wird durch Staplerfahrzeuge durchgeführt. Im bestehenden SMP ist die Möglichkeit berücksichtigt, fahrerlose Transportsysteme zu etablieren (z. B. erforderliche Kurvenradien).

- **Abfall und Abfallfluss**

Prüfung der vorhandenen Abfallsorten und der dafür benötigten Logistik.

- **Personal und Personalfluss**

Mitarbeiterzahl	650

In Abb. 2 ist eines der zahlreichen Schichtmodelle aufgeführt.
Erfahrungsgemäß wird die Anzahl der Mitarbeiter steigen. Sollte die Evaluation ergeben, eine neue Anlage zu errichten, deren Fläche im bestehenden SMP bereits berücksichtigt ist, kann auch eine Änderung am Schichtsystem für ausreichende Kapazitätsauslastung sorgen.

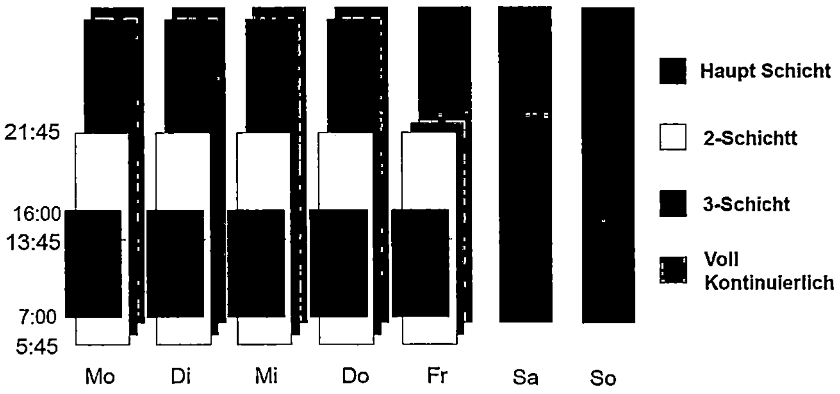

Abb. 2 Basis-Schichtsystem

- **Umkleideräume**
  Bei steigendem Produktionsvolumen und damit einer Personalerhöhung muss auch die Anzahl der Umkleiden angepasst werden.
- **Bewertung von Nebenfunktionen**
  Unter dieser Überschrift können individuelle Punkte genannt werden, z. B. Parkplatzsituation, Personalerhöhung in der Verwaltung, Schaffen von Arbeitsplätzen mittels Büroverdichtung oder Open Space.
- **Offene Probleme, die initiiert werden sollen**
  In diese Rubrik passen alle auftretenden Punkte, die an entsprechende Mitarbeiter zugeordnet werden können.
- **Liste der Projekte 2020 bis 2025**
  Aus all diesen Maßnahmen ergeben sich Projekte, die dem Management vorgestellt und in die Budgetplanung (hier bis 2025 terminiert) aufgenommen werden.

Ausblick

9

Wenn es im Tagesgeschäft darauf ankommt, eine Methode zu finden, mit der systematisch die wesentlichen Aspekte einer Werks-, Produktions-, Personalplanung u. a. abgebildet werden können, so kann getrost auf den SMP reflektiert werden. Wie wir gesehen haben, sind die Aspekte in sich verwobenen, und damit wird die Dokumentation sehr schnell komplex. Hat man einen SMP erstellt, ist man in der Lage, Veränderungen leicht anzupassen und darzustellen. Der SMP ist als Tool sehr wirtschaftlich orientiert und dafür geeignet, diese relevante Aufgabe zu bestehen.

© Der/die Autor(en), exklusiv lizenziert durch Springer Fachmedien Wiesbaden GmbH, ein Teil von Springer Nature 2020
W. Seiferlein, *Der Site-Master-Plan,* essentials,
https://doi.org/10.1007/978-3-658-32104-8_9

Was Sie aus diesem *essential* mitnehmen Können

Durch die ‚Anwendung' des strukturierten Prozesses, bekommt man ein optimales Ergebnis.

W. Seiferlein, *Der Site-Master-Plan,* essentials,
https://doi.org/10.1007/978-3-658-32104-8

Anhang

See Tables A.1, A.2 und A.3.

© Der/die Herausgeber bzw. der/die Autor(en), exklusiv lizenziert durch
Springer Fachmedien Wiesbaden GmbH, ein Teil von Springer Nature 2020
W. Seiferlein, *Der Site-Master-Plan,* essentials,
https://doi.org/10.1007/978-3-658-32104-8

Tab. A.1 Checkliste Standortbegutachtung

Faktor	Kosten/Maßnahmen
Verkehrssituation: Nähe zu Städten, Grenzen, Meeren, Flüssen etc.	Transportkosten
Real Estate	Immobilienkosten
Immobilienform: Abstände, Größe, Grundriss	Kosten bei optimalem oder ungünstigem Layout
Topographie	Standortentwicklungsmaßnahmen wie Befüllen und Nivellieren
Gegenwärtige Verwendung	Standortentwicklungsmaßnahmen wie Abriss, klares Fällen und Stumpfroden
Standortentwicklungsmaßnahmen (Abriss): • Bodenzustand und Bodeneigenschaften • Bodenpermeabilität (vertikal, horizontal, m/s) • Tragfähigkeit (t/m^2) in 1,5 m Tiefe • Natürliche Grundlage in …. m Tiefe unter der Erde • Grundwasserspiegel (m), mögliche Variation, Strömungsrichtung • Chemische Natur des Grundwassers • Grundwasserschutzbereich (Schutzzone) • Oberflächenwasser (Eigenschaften) • Oberflächenwasserschutzbereich • Vorherige Nutzung von Immobilien	SMP-Entwicklungsmaßnahmen (Abriss)
Erdbebenzone, Bergbaugebiet • Böschungsbau • Entwässerungsmaßnahmen • Befüllung	Baumaßnahmen, z. B. Art der Fundamente
Position des tragenden Untergrunds • Baumaßnahmen • Tragwerksplanung von Geräten in Freilandpflanzen	Fundamente

(Fortsetzung)

Tab. A.1 (Fortsetzung)

Faktor	Kosten/Maßnahmen
Lufteigenschaften: Temperatur, Feuchtigkeit, Schadstoffe, Staub, SO_2	Isolierung, Klimatisierung, Baumaßnahmen, Korrosionsschutz, Auswirkungen auf die Prozessgestaltung und Prozessauswahl
Regenzeiten oder Jahreszeiten mit häufigen Stürmen	Längere Bauzeit, Verzögerung des Baubeginns, Sondermaßnahmen auf der Baustelle
Max. möglicher Niederschlag l/h, max. mögliche Schneedecke kg/qm	Dimensionierung von Abwasserkanälen und Tragwerksplanung
Mittlere, maximale und minimale Temperaturen	Design von z. B. Klimaanlage
Frostdurchdringungstiefe, Anzahl der Tage mit Frost pro Jahr	Fundamente, Design der Klimaanlage, Wärmekapazität
Klimabedingte Bauzeit	Reduzierung der Baukosten und der Bauzeit
Vorherrschende Windrichtung	Vermeidung von Staubverunreinigungen
Trockenes Wetter	Auswahl der Kühlsysteme
Oberflächenwasser	Einleitungsbedingungen für Abwasser, Aufbereitungsmaßnahmen zur Verwendung als Kühlwasser
Grundwasser	Während der Bauphase: Absenkung des Grundwasserspiegels, Schutz des Gebäudes vor drückendem Wasser, Bau von Fundamenten und Keller.
Kühlwassertemperatur	Maßnahmen zum Grundwasserschutz der in Betrieb befindlichen Anlage.
Kühlwasserqualität	Design der Prozessausrüstung und Prozessauswahl

Tab. A.2 Infrastrukturelle Faktoren

Faktor	Beeinflusst Kapital und Betriebskosten durch:
Transportverbindungen: • Straße (Breite, Kopffreiheit, Tragfähigkeit, Kapazität, Verkehrsaufkommen) • Schiene (Hauptstrecke oder Nebenstrecke, Spurweite) • Wasser (Meer, Fluss oder Kanal, Hafengröße, Schiffsgröße) • Luft (nächster Flughafen, Flüge von ....)	Bau und Betrieb von Straßen- und Schienensystemen sowie Hafenanlagen, Auswahl von Transportsystemen für Bau und Betrieb
Dienstprogramme (Verbindungen): • Netzteil (Spannung, Frequenz, Scheinleistung, Phasensystem, Entfernung, Preis) • Telefon (Anzahl möglicher Verbindungen und Verbindungskosten) • Gasversorgung (Art, Heizwert, mögliche Versorgungsmenge, Druck, Preis) • Heizöl/Kohle (Art, Heizwert, Preis) • Dampf (Druck, Temperatur, Menge, Preis) • Wasserversorgung (allgemeine Situation) • Fluss- oder Meerwasser • Quell- oder Leitungswasser	Bau und Betrieb von Lagern, Pipelines, Kraftwerken, vorübergehende Vereinbarungen während der Bauphase
Abwasser (Anschlüsse): • Industrielles Abwasser (mögliches Abflussvolumen, zulässige Qualität, Wasser zur Verfügung stellen?) • Regenwasser (möglicher Abfluss, zulässige Qualität, Wasseraufnahme verfügbar?) • Schmutzwasser (mögliches Abflussvolumen, zulässige Qualität, Wasseraufnahme verfügbar?) • Misch- und Trennsystem	Deponiekosten, Transportkosten, Bau und Betrieb von hauseigenen Kläranlagen, Bedingungen für die Einleitung in das aufnehmende Wasser
Müllentsorgung: • Deponie (Entfernung) • Müllverbrennung • Abfalltransport (Verkehrsträger, Entfernung)	Deponiekosten, Transportkosten, Bau und Betrieb von Inhouse-Abfallentsorgungseinrichtungen, Bedingungen für die Einleitung in das aufnehmende Wasser
Versorgungssicherheit für Versorger und Rohstoffe	Notwendige Notstromaggregate, Notkühlsysteme, Lagergröße
Einhaltung der Spezifikationen für Versorgungsunternehmen und Rohstoffe	Bau und Betrieb von Überwachungsanlagen, Kläranlagen

(Fortsetzung)

Tab. A.2 (Fortsetzung)

Faktor	Beeinflusst Kapital und Betriebskosten durch:
Kosten für Versorger und Rohstoffe	Bau und Betrieb von Überwachungs- anlagen, Kläranlagen
Rechtslage und Entwicklungsvorschriften: • Wurden Immobilien bei den zuständigen Behörden registriert? • Zulässige Entwicklungsfläche (%) • Zulässige m³ pro m² Gesamtfläche • Maximale Gebäudehöhe (m) • Abstände von der Grenze (m) • Abstände zwischen Gebäuden (m) Dachform, Giebelposition, Dachneigung • Fensterfläche pro Gebäudefläche (%) • Luftschutzbunker (erforderlich, angegeben) • Aufzüge (ab welcher Gebäudehöhe) • Parkhäuser • Öllagerung • Spezifizierte Bauzeitbedingungen • Spezifizierte Abluftbedingungen (nur am wichtigsten) • Spezifizierte Abwasserbedingungen (die meisten nur wichtig) • Andere spezifizierte Bedingungen	Umwelt-, Bau- und Entwicklungs- vorschriften, Steuern, Abgaben, Sozialversicherungs-, Beschäftigungs- und technische Vorschriften, Nutzungsgrad von Immobilien
Angrenzende industrielle Systeme (Fabriken usw.)	Gegenseitige Beeinflussung durch Lärm, Staub, Vibrationen, Abgase
Arbeitsmarkt (Kapazität, Qualität, Ein- stellung, Einfluss der Gewerkschaften)	Automatisierungsgrad der Anlage (Bedien- personal), Durchführbarkeit geplanter Baumaßnahmen (Facharbeiter), Bauzeit
Angrenzende Wohngebiete	Unterbringung von Arbeitskräften, Umweltschutzmaßnahmen
Beschaffungsmöglichkeiten für technische Geräte und Maschinen	Beschaffungskosten, Einfuhr- beschränkungen für Geräte und Maschinen
Beschaffungsmöglichkeiten für Dienst- leistungen	Auswahl anderer Systeme, wenn keine Fachkräfte vor Ort verfügbar sind
Einfacher Informationsaustausch	Kommunikationsschwierigkeiten bei Zeitunterschieden zwischen Standorten von Mutter- und Tochterunternehmen, Informationsverlust, kostspieligere und zeitaufwendigere Organisation und Dokumentation

Tab. A.3 Kommerzielle Faktoren bei der Standortauswahl

Kommerzielle Faktoren
Immobilienpreis
Zahlungsbedingungen
Möglichkeit
Andere an Immobilien interessierte Parteien
Dringlichkeit, den Kauf abzuschließen
Zusätzliche Anschaffungskosten (Steuern, Abfragen, Gebühren)

Literatur

Burghardt, M. (1988). *Projektmanagement. Leitfaden für die Planung, Überwachung und Steuerung von Entwicklungsprojekten*. München: Siemens AG.

Oissen, R. P. (1971). Can project management be defined? *Project Management Quarterly, 2*(1), 12–14.

Seiferlein, W. (2020). *Wohlbefindlichkeitsfaktoren für verschiedene Branchen*. Wiesbaden: Springer.